TIEDOT

Rotu:
Nimi:
Rekisterinumero:
Syntymäaika:
Mikrosiru:

Tutkimus	Päiväys	Tulos	Lisätiedot

ROKOTUKSET

Päiväys	Rokotus	Voimassa asti	Lisätiedot

MADOTUKSET

Päiväys	Lääke	Lisätiedot

Suositus: Madotus 2 viikkoa ennen rokotuksia

JUOKSUT JA ASTUTUKSET

Juoksut alkoi	1.Astutus pvä	2.Astutus pvä	Uros	Syntymä pvä	Urokset kpl	Nartut kpl

ENSIMMÄINEN PENTUE

Pentue nimi/kirjain:	
Astutus päivä:	
Uusinta astutus:	
Uros:	
Laskettuaika:	

NIMIEHDOTUKSIA PENNUILLE:

Urokset	Nartut

SUKUTAULU

- Pentue							

Pentueen sukusiitosprosentti

Linjaus esivanhempiin:

Muista!
Selvitä päivystävä eläinlääkäri synnytyksen ajankohtana.

MITTAUKSET ENNEN SYNNYTYSTÄ

Usein kehon lämpö laskee 1-2 vuorokautta ennen synnytystä.
Normaali lämpö 38-38,5 astetta.

LÄMMÖN MITTAUKSET:

Vrk ennen laskettua-aikaa	Päiväys	Lämpö
7 vrk		
6 vrk		
5 vrk		
4 vrk		
3 vrk		
2 vrk		
1 vrk		
laskettuaika		

VYÖTÄRÖN YMPÄRYS:

Mitta:	Päiväys	cm	Muutos cm
normaali			
4 vk astutuksesta			
5 vk astutuksesta			
6 vk astutuksesta			
7 vk astutuksesta			
8 vk astutuksesta			
9 vk astutuksesta			

Lisätiedot:

SYNNYTYS

Synnytys alkoi:

Pvä:	Aika:

1. PENTU

Klo:	
Uros/Narttu:	
Paino:	
Väri:	
Karvanlaatu:	
Nimiehdotus:	
Muuta:	

2. PENTU

Klo:	
Uros/Narttu:	
Paino:	
Väri:	
Karvanlaatu:	
Nimiehdotus:	
Muuta:	

3. PENTU

Klo:	
Uros/Narttu:	
Paino:	
Väri:	
Karvanlaatu:	
Nimiehdotus:	
Muuta:	

4. PENTU

Klo:	
Uros/Narttu:	
Paino:	
Väri:	
Karvanlaatu:	
Nimiehdotus:	
Muuta:	

5. Pentu

Klo:	
Uros / Narttu:	
Paino:	
Väri:	
Karvanlaatu:	
Nimiehdotus:	
Muuta:	

6. Pentu

Klo:	
Uros / Narttu:	
Paino:	
Väri:	
Karvanlaatu:	
Nimiehdotus:	
Muuta:	

7. Pentu

Klo:	
Uros / Narttu:	
Paino:	
Väri:	
Karvanlaatu:	
Nimiehdotus:	
Muuta:	

8. Pentu

Klo:	
Uros / Narttu:	
Paino:	
Väri:	
Karvanlaatu:	
Nimiehdotus:	
Muuta:	

9. Pentu

Klo:	
Uros / Narttu:	
Paino:	
Väri:	
Karvanlaatu:	
Nimiehdotus:	
Muuta:	

10. Pentu

Klo:	
Uros / Narttu:	
Paino:	
Väri:	
Karvanlaatu:	
Nimiehdotus:	
Muuta:	

11. Pentu

Klo:	
Uros / Narttu:	
Paino:	
Väri:	
Karvanlaatu:	
Nimiehdotus:	
Muuta:	

12. Pentu

Klo:	
Uros / Narttu:	
Paino:	
Väri:	
Karvanlaatu:	
Nimiehdotus:	
Muuta:	

MUUTA SYNNYTYKSESSÄ TAI PENNUISSA:

PAINOTAULUKKO (paino ja muutos painossa)

Nimi	1.pvä	2.pvä	3.pvä	4.pvä	5.pvä	6.pvä	7.pvä

PAINOTAULUKKO (paino ja muutos painossa)

Nimi	1.pvä	2.pvä	3.pvä	4.pvä	5.pvä	6.pvä	7.pvä

PAINOTAULUKKO (paino ja muutos painossa)

Nimi	8.pvä	9.pvä	10.pvä	11.pvä	12.pvä	13.pvä	14.pvä

PAINOTAULUKKO (paino ja muutos painossa)

Nimi	8.pvä	9.pvä	10.pvä	11.pvä	12.pvä	13.pvä	14.pvä

PAINOTAULUKKO (paino ja muutos painossa)

Nimi	15.pvä	16.pvä	17.pvä	18.pvä	19.pvä	20.pvä	21p/3vk

PAINOTAULUKKO (paino ja muutos painossa)

Nimi	15.pvä	16.pvä	17.pvä	18.pvä	19.pvä	20.pvä	21p/3vk

PAINOTAULUKKO (paino ja muutos painossa)

Nimi	3 viikkoa	4 viikkoa	5 viikkoa	6 viikkoa	7 viikkoa	8 viikkoa	Luovutus

PAINOTAULUKKO (paino ja muutos painossa)

Nimi	3 viikkoa	4 viikkoa	5 viikkoa	6 viikkoa	7 viikkoa	8 viikkoa	Luovutus

Pentujen painoista lisätietoja:

Madotukset pennuille:

päiväys	lääke	ikä viikkoina

Tarkista Kennelliitolta rekisteröintiehdot!
Esim.
- yli 6kk vanhojen pentujen rekisteröinnistä peritään kaksinkertainen maksu
- yli 8 vuotiaan emän pennut rekisteröidään vain poikkeusluvalla

Pentujen tarkastuksen ennen luovutusta:

nimi	päiväys	huomiot

Lisätietoja:

PENTUJEN OSTAJAT
Muista aina kirjallinen sopimus

1.PENTU

Rekisterinimi:		
Rekisterinumero:		
Ostaja:		
- nimi		
- osoite		
- postinro ja paikka		
- puhelinnro:		
- e-mail:		
Hinta:	Käteinen:	Osamaksu:
		Osamaksuerät:
		Viimeinen osamaksupvä:
Maksettu pvä:		
Rekisterikirja:	Luovutettu pvä:	Postitettu pvä:

2.PENTU

Rekisterinimi:		
Rekisterinumero:		
Ostaja:		
- nimi		
- osoite		
- postinro ja paikka		
- puhelinnro:		
- e-mail:		
Hinta:	Käteinen:	Osamaksu:
		Osamaksuerät:
		Viimeinen osamaksupvä:
Maksettu pvä:		
Rekisterikirja:	Luovutettu pvä:	Postitettu pvä:

PENTUJEN OSTAJAT
Muista aina kirjallinen sopimus

3.PENTU

Rekisterinimi:	
Rekisterinumero:	
Ostaja:	
- nimi	
- osoite	
- postinro ja paikka	
- puhelinnro:	
- e-mail:	

Hinta:	Käteinen:	Osamaksu:
		Osamaksuerät:
		Viimeinen osamaksupvä:
Maksettu pvä:		
Rekisterikirja:	Luovutettu pvä:	Postitettu pvä:

4.PENTU

Rekisterinimi:	
Rekisterinumero:	
Ostaja:	
- nimi	
- osoite	
- postinro ja paikka	
- puhelinnro:	
- e-mail:	

Hinta:	Käteinen:	Osamaksu:
		Osamaksuerät:
		Viimeinen osamaksupvä:
Maksettu pvä:		
Rekisterikirja:	Luovutettu pvä:	Postitettu pvä:

PENTUJEN OSTAJAT
Muista aina kirjallinen sopimus

5.PENTU

Rekisterinimi:		
Rekisterinumero:		
Ostaja:		
- nimi		
- osoite		
- postinro ja paikka		
- puhelinnro:		
- e-mail:		
Hinta:	Käteinen:	Osamaksu:
		Osamaksuerät:
		Viimeinen osamaksupvä:
Maksettu pvä:		
Rekisterikirja:	Luovutettu pvä:	Postitettu pvä:

6.PENTU

Rekisterinimi:		
Rekisterinumero:		
Ostaja:		
- nimi		
- osoite		
- postinro ja paikka		
- puhelinnro:		
- e-mai :		
Hinta:	Käteinen:	Osamaksu:
		Osamaksuerät:
		Viimeinen osamaksupvä:
Maksettu pvä:		
Rekiste-ikirja:	Luovutettu pvä:	Postitettu pvä:

PENTUJEN OSTAJAT
Muista aina kirjallinen sopimus

7.PENTU

Rekisterinimi:		
Rekisterinumero:		
Ostaja:		
- nimi		
- osoite		
- postinro ja paikka		
- puhelinnro:		
- e-mail:		
Hinta:	Käteinen:	Osamaksu:
		Osamaksuerät:
		Viimeinen osamaksupvä:
Maksettu pvä:		
Rekisterikirja:	Luovutettu pvä:	Postitettu pvä:

8.PENTU

Rekisterinimi:		
Rekisterinumero:		
Ostaja:		
- nimi		
- osoite		
- postinro ja paikka		
- puhelinnro:		
- e-mail:		
Hinta:	Käteinen:	Osamaksu:
		Osamaksuerät:
		Viimeinen osamaksupvä:
Maksettu pvä:		
Rekisterikirja:	Luovutettu pvä:	Postitettu pvä:

PENTUJEN OSTAJAT
Muista aina kirjallinen sopimus

9.PENTU

Rekisterinimi:		
Rekisterinumero:		
Ostaja:		
- nimi		
- osoite		
- postinro ja paikka		
- puhelinnro:		
- e-mail:		
Hinta:	Käteinen:	Osamaksu:
		Osamaksuerät:
		Viimeinen osamaksupvä:
Maksettu pvä:		
Rekisterikirja:	Luovutettu pvä:	Postitettu pvä:

10.PENTU

Rekisterinimi:		
Rekisterinumero:		
Ostaja:		
- nimi		
- osoite		
- postinro ja paikka		
- puhelinnro:		
- e-mail:		
Hinta:	Käteinen:	Osamaksu:
		Osamaksuerät:
		Viimeinen osamaksupvä:
Maksettu pvä:		
Rekisterikirja:	Luovutettu pvä:	Postitettu pvä:

PENTUJEN OSTAJAT
Muista aina kirjallinen sopimus

11.PENTU

Rekisterinimi:		
Rekisterinumero:		
Ostaja:		
- nimi		
- osoite		
- postinro ja paikka		
- puhelinnro:		
- e-mail:		
Hinta:	Käteinen:	Osamaksu:
		Osamaksuerät:
		Viimeinen osamaksupvä:
Maksettu pvä:		
Rekisterikirja:	Luovutettu pvä:	Postitettu pvä:

12.PENTU

Rekisterinimi:		
Rekisterinumero:		
Ostaja:		
- nimi		
- osoite		
- postinro ja paikka		
- puhelinnro:		
- e-mail:		
Hinta:	Käteinen:	Osamaksu:
		Osamaksuerät:
		Viimeinen osamaksupvä:
Maksettu pvä:		
Rekisterikirja:	Luovutettu pvä:	Postitettu pvä:

TOINEN PENTUE

Pentue nimi/kirjain:	
Astutus päivä:	
Uusinta astutus:	
Uros:	
Laskettuaika:	

NIMIEHDOTUKSIA PENNUILLE:

Urokset	Nartut

SUKUTAULU

- Pentue							

Pentueen sukusiitosprosentti

Linjaus esivanhempiin:

Muista!
Selvitä päivystävä eläinlääkäri synnytyksen ajankohtana.

MITTAUKSET ENNEN SYNNYTYSTÄ

Usein kehon lämpö laskee 1-2 vuorokautta ennen synnytystä.
Normaali lämpö 38-38,5 astetta.

LÄMMÖN MITTAUKSET:

Vrk ennen laskettua-aikaa	Päiväys	Lämpö
7 vrk		
6 vrk		
5 vrk		
4 vrk		
3 vrk		
2 vrk		
1 vrk		
laskettuaika		

VYÖTÄRÖN YMPÄRYS:

Mitta:	Päiväys	cm	Muutos cm
normaali			
4 vk astutuksesta			
5 vk astutuksesta			
6 vk astutuksesta			
7 vk astutuksesta			
8 vk astutuksesta			
9 vk astutuksesta			

Lisätiedot:

SYNNYTYS

Synnytys alkoi:

Pvä:	Aika:

1. PENTU

Klo:	
Uros/Narttu:	
Paino:	
Väri:	
Karvanlaatu:	
Nimiehdotus:	
Muuta:	

2. PENTU

Klo:	
Uros/Narttu:	
Paino:	
Väri:	
Karvanlaatu:	
Nimiehdotus:	
Muuta:	

3. PENTU

Klo:	
Uros/Narttu:	
Paino:	
Väri:	
Karvanlaatu:	
Nimiehdotus:	
Muuta:	

4. PENTU

Klo:	
Uros/Narttu:	
Paino:	
Väri:	
Karvanlaatu:	
Nimiehdotus:	
Muuta:	

5. Pentu

Klo:	
Uros / Narttu:	
Paino:	
Väri:	
Karvanlaatu:	
Nimiehdctus:	
Muuta:	

6. Pentu

Klo:	
Uros / Narttu:	
Paino:	
Väri:	
Karvanlaatu:	
Nimiehdotus:	
Muuta:	

7. Pentu

Klo:	
Uros / Narttu:	
Paino:	
Väri:	
Karvanlaatu:	
Nimiehdotus:	
Muuta:	

8. Pentu

Klo:	
Uros / Narttu:	
Paino:	
Väri:	
Karvanlaatu:	
Nimiehdotus:	
Muuta:	

9. Pentu

Klo:	
Uros / Narttu:	
Paino:	
Väri:	
Karvanlaatu:	
Nimiehdotus:	
Muuta:	

10. Pentu

Klo:	
Uros / Narttu:	
Paino:	
Väri:	
Karvanlaatu:	
Nimiehdotus:	
Muuta:	

11. Pentu

Klo:	
Uros / Narttu:	
Paino:	
Väri:	
Karvanlaatu:	
Nimiehdotus:	
Muuta:	

12. Pentu

Klo:	
Uros / Narttu:	
Paino:	
Väri:	
Karvanlaatu:	
Nimiehdotus:	
Muuta:	

MUUTA SYNNYTYKSESSÄ TAI PENNUISSA:

PAINOTAULUKKO (paino ja muutos painossa)

Nimi	1.pvä	2.pvä	3.pvä	4.pvä	5.pvä	6.pvä	7.pvä

PAINOTAULUKKO (paino ja muutos painossa)

Nimi	1.pvä	2.pvä	3.pvä	4.pvä	5.pvä	6.pvä	7.pvä

PAINOTAULUKKO (paino ja muutos painossa)

Nimi	8.pvä	9.pvä	10.pvä	11.pvä	12.pvä	13.pvä	14.pvä

PAINOTAULUKKO (paino ja muutos painossa)

Nimi	8.pvä	9.pvä	10.pvä	11.pvä	12.pvä	13.pvä	14.pvä

PAINOTAULUKKO (paino ja muutos painossa)

Nimi	15.pvä	16.pvä	17.pvä	18.pvä	19.pvä	20.pvä	21p/3vk

PAINOTAULUKKO (paino ja muutos painossa)

Nimi	15.pvä	16.pvä	17.pvä	18.pvä	19.pvä	20.pvä	21p/3vk

PAINOTAULUKKO (paino ja muutos painossa)

Nimi	3 viikkoa	4 viikkoa	5 viikkoa	6 viikkoa	7 viikkoa	8 viikkoa	Luovutus

PAINOTAULUKKO (paino ja muutos painossa)

Nimi	3 viikkoa	4 viikkoa	5 viikkoa	6 viikkoa	7 viikkoa	8 viikkoa	Luovutus

Pentujen painoista lisätietoja:

Madotukset pennuille:

päiväys	lääke	ikä viikkoina

Tarkista Kennelliitolta rekisteröintiehdot!
Esim.
- yli 6kk vanhojen pentujen rekisteröinnistä peritään kaksinkertainen maksu
- yli 8 vuotiaan emän pennut rekisteröidään vain poikkeusluvalla

Pentujen tarkastuksen ennen luovutusta:

nimi	päiväys	huomiot

Lisätietoja:

PENTUJEN OSTAJAT
Muista aina kirjallinen sopimus

1.PENTU

Rekisterinimi:			
Rekisterinumero:			
Ostaja:			
- nimi			
- osoite			
- postinro ja paikka			
- puhelinnro:			
- e-mail:			
Hinta:	Käteinen:	Osamaksu:	
		Osamaksuerät:	
		Viimeinen osamaksupvä:	
Maksettu pvä:			
Rekisterikirja:	Luovutettu pvä:	Postitettu pvä:	

2.PENTU

Rekisterinimi:			
Rekisterinumero:			
Ostaja:			
- nimi			
- osoite			
- postinro ja paikka			
- puhelinnro:			
- e-mail:			
Hinta:	Käteinen:	Osamaksu:	
		Osamaksuerät:	
		Viimeinen osamaksupvä:	
Maksettu pvä:			
Rekisterikirja:	Luovutettu pvä:	Postitettu pvä:	

PENTUJEN OSTAJAT
Muista aina kirjallinen sopimus

3.PENTU

Rekisterinimi:		
Rekisterinumero:		
Ostaja:		
- nimi		
- osoite		
- postinro ja paikka		
- puhelinnro:		
- e-mail:		
Hinta:	Käteinen:	Osamaksu:
		Osamaksuerät:
		Viimeinen osamaksupvä:
Maksettu pvä:		
Rekisterikirja:	Luovutettu pvä:	Postitettu pvä:

4.PENTU

Rekisterinimi:		
Rekisterinumero:		
Ostaja:		
- nimi		
- osoite		
- postinro ja paikka		
- puhelinnro:		
- e-mail:		
Hinta:	Käteinen:	Osamaksu:
		Osamaksuerät:
		Viimeinen osamaksupvä:
Maksettu pvä:		
Rekisterikirja:	Luovutettu pvä:	Postitettu pvä:

PENTUJEN OSTAJAT
Muista aina kirjallinen sopimus

5.PENTU

Rekisterinimi:	
Rekisterinumero:	
Ostaja:	
- nimi	
- osoite	
- postinro ja paikka	
- puhelinnro:	
- e-mail:	

Hinta:	Käteinen:	Osamaksu:
		Osamaksuerät:
		Viimeinen osamaksupvä:
Maksettu pvä:		
Rekisterikirja:	Luovutettu pvä:	Postitettu pvä:

6.PENTU

Rekisterinimi:	
Rekisterinumero:	
Ostaja:	
- nimi	
- osoite	
- postinro ja paikka	
- puhelinnro:	
- e-mail:	

Hinta:	Käteinen:	Osamaksu:
		Osamaksuerät:
		Viimeinen osamaksupvä:
Maksettu pvä:		
Rekisterikirja:	Luovutettu pvä:	Postitettu pvä:

PENTUJEN OSTAJAT
Muista aina kirjallinen sopimus

7.PENTU

Rekisterinimi:		
Rekisterinumero:		
Ostaja:		
- nimi		
- osoite		
- postinro ja paikka		
- puhelinnro:		
- e-mail:		
Hinta:	Käteinen:	Osamaksu:
		Osamaksuerät:
		Viimeinen osamaksupvä:
Maksettu pvä:		
Rekisterikirja:	Luovutettu pvä:	Postitettu pvä:

8.PENTU

Rekisterinimi:		
Rekisterinumero:		
Ostaja:		
- nimi		
- osoite		
- postinro ja paikka		
- puhelinnro:		
- e-mail:		
Hinta:	Käteinen:	Osamaksu:
		Osamaksuerät:
		Viimeinen osamaksupvä:
Maksettu pvä:		
Rekisterikirja:	Luovutettu pvä:	Postitettu pvä:

PENTUJEN OSTAJAT
Muista aina kirjallinen sopimus

9.PENTU

Rekisterinimi:		
Rekisterinumero:		
Ostaja:		
- nimi		
- osoite		
- postinro ja paikka		
- puhelinnro:		
- e-mail:		
Hinta:	Käteinen:	Osamaksu:
		Osamaksuerät:
		Viimeinen osamaksupvä:
Maksettu pvä:		
Rekisterikirja:	Luovutettu pvä:	Postitettu pvä:

10.PENTU

Rekisterinimi:		
Rekisterinumero:		
Ostaja:		
- nimi		
- osoite		
- postinro ja paikka		
- puhelinnro:		
- e-mail:		
Hinta:	Käteinen:	Osamaksu:
		Osamaksuerät:
		Viimeinen osamaksupvä:
Maksettu pvä:		
Rekisterikirja:	Luovutettu pvä:	Postitettu pvä:

PENTUJEN OSTAJAT
Muista aina kirjallinen sopimus

11.PENTU

Rekisterinimi:		
Rekisterinumero:		
Ostaja:		
- nimi		
- osoite		
- postinro ja paikka		
- puhelinnro:		
- e-mail:		
Hinta:	Käteinen:	Osamaksu:
		Osamaksuerät:
		Viimeinen osamaksupvä:
Maksettu pvä:		
Rekisterikirja:	Luovutettu pvä:	Postitettu pvä:

12.PENTU

Rekisterinimi:		
Rekisterinumero:		
Ostaja:		
- nimi		
- osoite		
- postinro ja paikka		
- puhelinnro:		
- e-mail:		
Hinta:	Käteinen:	Osamaksu:
		Osamaksuerät:
		Viimeinen osamaksupvä:
Maksettu pvä:		
Rekisterikirja:	Luovutettu pvä:	Postitettu pvä:

KOLMAS PENTUE

Pentue nimi/kirjain:	
Astutus päivä:	
Uusinta astutus:	
Uros:	
Laskettuaika:	

NIMIEHDOTUKSIA PENNUILLE:

Urokset	Nartut

SUKUTAULU

- Pentue							

Pentueen sukusiitosprosentti

Linjaus esivanhempiin:

Muista!
Selvitä päivystävä eläinlääkäri synnytyksen ajankohtana.

MITTAUKSET ENNEN SYNNYTYSTÄ

Usein kehon lämpö laskee 1-2 vuorokautta ennen synnytystä.
Normaali lämpö 38-38,5 astetta.

LÄMMÖN MITTAUKSET:

Vrk ennen laskettua-aikaa	Päiväys	Lämpö
7 vrk		
6 vrk		
5 vrk		
4 vrk		
3 vrk		
2 vrk		
1 vrk		
laskettuaika		

VYÖTÄRÖN YMPÄRYS:

Mitta:	Päiväys	cm	Muutos cm
normaali			
4 vk astutuksesta			
5 vk astutuksesta			
6 vk astutuksesta			
7 vk astutuksesta			
8 vk astutuksesta			
9 vk astutuksesta			

Lisätiedot:

SYNNYTYS

Synnytys alkoi:

Pvä:	Aika:

1. PENTU

Klo:	
Uros/Narttu:	
Paino:	
Väri:	
Karvanlaatu:	
Nimiehdotus:	
Muuta:	

2. PENTU

Klo:	
Uros/Narttu:	
Paino:	
Väri:	
Karvanlaatu:	
Nimiehdotus:	
Muuta:	

3. PENTU

Klo:	
Uros/Narttu:	
Paino:	
Väri:	
Karvanlaatu:	
Nimiehdotus:	
Muuta:	

4. PENTU

Klo:	
Uros/Narttu:	
Paino:	
Väri:	
Karvanlaatu:	
Nimiehdotus:	
Muuta:	

5. Pentu

Klo:	
Uros / Narttu:	
Paino:	
Väri:	
Karvanlaatu:	
Nimiehdotus:	
Muuta:	

6. Pentu

Klo:	
Uros / Narttu:	
Paino:	
Väri:	
Karvanlaatu:	
Nimiehdotus:	
Muuta:	

7. Pentu

Klo:	
Uros / Narttu:	
Paino:	
Väri:	
Karvanlaatu:	
Nimiehdotus:	
Muuta:	

8. Pentu

Klo:	
Uros / Narttu:	
Paino:	
Väri:	
Karvanlaatu:	
Nimiehdotus:	
Muuta:	

9. Pentu

Klo:	
Uros / Narttu:	
Paino:	
Väri:	
Karvanlaatu:	
Nimiehdotus:	
Muuta:	

10. Pentu

Klo:	
Uros / Narttu:	
Paino:	
Väri:	
Karvanlaatu:	
Nimiehdotus:	
Muuta:	

11. Pentu

Klo:	
Uros / Narttu:	
Paino:	
Väri:	
Karvanlaatu:	
Nimiehdotus:	
Muuta:	

12. Pentu

Klo:	
Uros / Narttu:	
Paino:	
Väri:	
Karvanlaatu:	
Nimiehdotus:	
Muuta:	

MUUTA SYNNYTYKSESSÄ TAI PENNUISSA:

PAINOTAULUKKO (paino ja muutos painossa)

Nimi	1.pvä	2.pvä	3.pvä	4.pvä	5.pvä	6.pvä	7.pvä

PAINOTAULUKKO (paino ja muutos painossa)

Nimi	1.pvä	2.pvä	3.pvä	4.pvä	5.pvä	6.pvä	7.pvä

PAINOTAULUKKO (paino ja muutos painossa)

Nimi	8.pvä	9.pvä	10.pvä	11.pvä	12.pvä	13.pvä	14.pvä

PAINOTAULUKKO (paino ja muutos painossa)

Nimi	8.pvä	9.pvä	10.pvä	11.pvä	12.pvä	13.pvä	14.pvä

PAINOTAULUKKO (paino ja muutos painossa)

Nimi	15.pvä	16.pvä	17.pvä	18.pvä	19.pvä	20.pvä	21p/3vk

PAINOTAULUKKO (paino ja muutos painossa)

Nimi	15.pvä	16.pvä	17.pvä	18.pvä	19.pvä	20.pvä	21p/3vk

PAINOTAULUKKO (paino ja muutos painossa)

Nimi	3 viikkoa	4 viikkoa	5 viikkoa	6 viikkoa	7 viikkoa	8 viikkoa	Luovutus

PAINOTAULUKKO (paino ja muutos painossa)

Nimi	3 viikkoa	4 viikkoa	5 viikkoa	6 viikkoa	7 viikkoa	8 viikkoa	Luovutus

Pentujen painoista lisätietoja:

Madotukset pennuille:

päiväys	lääke	ikä viikkoina

Tarkista Kennelliitolta rekisteröintiehdot!
Esim.
- yli 6kk vanhojen pentujen rekisteröinnistä peritään kaksinkertainen maksu
- yli 8 vuotiaan emän pennut rekisteröidään vain poikkeusluvalla

Pentujen tarkastuksen ennen luovutusta:

nimi	päiväys	huomiot

Lisätietoja:

PENTUJEN OSTAJAT
Muista aina kirjallinen sopimus

1.PENTU

Rekisterinimi:		
Rekisterinumero:		
Ostaja:		
- nimi		
- osoite		
- postinro ja paikka		
- puhelinnro:		
- e-mail:		
Hinta:	Käteinen:	Osamaksu:
		Osamaksuerät:
		Viimeinen osamaksupvä:
Maksettu pvä:		
Rekisterikirja:	Luovutettu pvä:	Postitettu pvä:

2.PENTU

Rekister nimi:		
Rekisterinumero:		
Ostaja:		
- nimi		
- osoite		
- postinro ja paikka		
- puhelinnro:		
- e-mail:		
Hinta:	Käteinen:	Osamaksu:
		Osamaksuerät:
		Viimeinen osamaksupvä:
Maksettu pvä:		
Rekisterikirja:	Luovutettu pvä:	Postitettu pvä:

PENTUJEN OSTAJAT
Muista aina kirjallinen sopimus

3.PENTU

Rekisterinimi:		
Rekisterinumero:		
Ostaja:		
- nimi		
- osoite		
- postinro ja paikka		
- puhelinnro:		
- e-mail:		
Hinta:	Käteinen:	Osamaksu:
		Osamaksuerät:
		Viimeinen osamaksupvä:
Maksettu pvä:		
Rekisterikirja:	Luovutettu pvä:	Postitettu pvä:

4.PENTU

Rekisterinimi:		
Rekisterinumero:		
Ostaja:		
- nimi		
- osoite		
- postinro ja paikka		
- puhelinnro:		
- e-mail:		
Hinta:	Käteinen:	Osamaksu:
		Osamaksuerät:
		Viimeinen osamaksupvä:
Maksettu pvä:		
Rekisterikirja:	Luovutettu pvä:	Postitettu pvä:

PENTUJEN OSTAJAT
Muista aina kirjallinen sopimus

5.PENTU

Rekisterinimi:	
Rekisterinumero:	
Ostaja:	
- nimi	
- osoite	
- postinro ja paikka	
- puhelinnro:	
- e-mail:	

Hinta:	Käteinen:	Osamaksu:
		Osamaksuerät:
		Viimeinen osamaksupvä:

Maksettu pvä:		
Rekisterikirja:	Luovutettu pvä:	Postitettu pvä:

6.PENTU

Rekisterinimi:	
Rekisterinumero:	
Ostaja:	
- nimi	
- osoite	
- postinro ja paikka	
- puhelinnro:	
- e-mail:	

Hinta:	Käteinen:	Osamaksu:
		Osamaksuerät:
		Viimeinen osamaksupvä:

Maksettu pvä:		
Rekisterikirja:	Luovutettu pvä:	Postitettu pvä:

PENTUJEN OSTAJAT
Muista aina kirjallinen sopimus

7.PENTU

Rekisterinimi:		
Rekisterinumero:		
Ostaja:		
- nimi		
- osoite		
- postinro ja paikka		
- puhelinnro:		
- e-mail:		
Hinta:	Käteinen:	Osamaksu:
		Osamaksuerät:
		Viimeinen osamaksupvä:
Maksettu pvä:		
Rekisterikirja:	Luovutettu pvä:	Postitettu pvä:

8.PENTU

Rekisterinimi:		
Rekisterinumero:		
Ostaja:		
- nimi		
- osoite		
- postinro ja paikka		
- puhelinnro:		
- e-mail:		
Hinta:	Käteinen:	Osamaksu:
		Osamaksuerät:
		Viimeinen osamaksupvä:
Maksettu pvä:		
Rekisterikirja:	Luovutettu pvä:	Postitettu pvä:

PENTUJEN OSTAJAT
Muista aina kirjallinen sopimus

9.PENTU

Rekisterinimi:		
Rekisterinumero:		
Ostaja:		
- nimi		
- osoite		
- postinro ja paikka		
- puhelinnro:		
- e-mail:		
Hinta:	Käteinen:	Osamaksu:
		Osamaksuerät:
		Viimeinen osamaksupvä:
Maksettu pvä:		
Rekisterikirja:	Luovutettu pvä:	Postitettu pvä:

10.PENTU

Rekisterinimi:		
Rekisterinumero:		
Ostaja:		
- nimi		
- osoite		
- postinro ja paikka		
- puhelinnro:		
- e-mail:		
Hinta:	Käteinen:	Osamaksu:
		Osamaksuerät:
		Viimeinen osamaksupvä:
Maksettu pvä:		
Rekisterikirja:	Luovutettu pvä:	Postitettu pvä:

PENTUJEN OSTAJAT
Muista aina kirjallinen sopimus

11.PENTU

Rekisterinimi:		
Rekisterinumero:		
Ostaja:		
- nimi		
- osoite		
- postinro ja paikka		
- puhelinnro:		
- e-mail:		
Hinta:	Käteinen:	Osamaksu:
		Osamaksuerät:
		Viimeinen osamaksupvä:
Maksettu pvä:		
Rekisterikirja:	Luovutettu pvä:	Postitettu pvä:

12.PENTU

Rekisterinimi:		
Rekisterinumero:		
Ostaja:		
- nimi		
- osoite		
- postinro ja paikka		
- puhelinnro:		
- e-mail:		
Hinta:	Käteinen:	Osamaksu:
		Osamaksuerät:
		Viimeinen osamaksupvä:
Maksettu pvä:		
Rekisterikirja:	Luovutettu pvä:	Postitettu pvä:

NELJÄS PENTUE

Pentue nimi/kirjain:
Astutus päivä:
Uusinta astutus:
Uros:
Laskettuaika:

NIMIEHDOTUKSIA PENNUILLE:

Urokset	Nartut

SUKUTAULU

- Pentue							

Pentueen sukusiitosprosentti

Linjaus esivanhempiin:

Muista!
Selvitä päivystävä eläinlääkäri synnytyksen ajankohtana.

MITTAUKSET ENNEN SYNNYTYSTÄ

Usein kehon lämpö laskee 1-2 vuorokautta ennen synnytystä.
Normaali lämpö 38-38,5 astetta.

LÄMMÖN MITTAUKSET:

Vrk ennen laskettua-aikaa	Päiväys	Lämpö
7 vrk		
6 vrk		
5 vrk		
4 vrk		
3 vrk		
2 vrk		
1 vrk		
laskettuaika		

VYÖTÄRÖN YMPÄRYS:

Mitta:	Päiväys	cm	Muutos cm
normaali			
4 vk astutuksesta			
5 vk astutuksesta			
6 vk astutuksesta			
7 vk astutuksesta			
8 vk astutuksesta			
9 vk astutuksesta			

Lisätiedot:

SYNNYTYS

Synnytys alkoi:

Pvä:	Aika:

1. PENTU

Klo:	
Uros/Narttu:	
Paino:	
Väri:	
Karvanlaatu:	
Nimiehdotus:	
Muuta:	

2. PENTU

Klo:	
Uros/Narttu:	
Paino:	
Väri:	
Karvanlaatu:	
Nimiehdotus:	
Muuta:	

3. PENTU

Klo:	
Uros/Narttu:	
Paino:	
Väri:	
Karvanlaatu:	
Nimiehdotus:	
Muuta:	

4. PENTU

Klo:	
Uros/Narttu:	
Paino:	
Väri:	
Karvanlaatu:	
Nimiehdotus:	
Muuta:	

5. Pentu

Klo:	
Uros / Narttu:	
Paino:	
Väri:	
Karvanlaatu:	
Nimiehdotus:	
Muuta:	

6. Pentu

Klo:	
Uros / Narttu:	
Paino:	
Väri:	
Karvanlaatu:	
Nimiehdotus:	
Muuta:	

7. Pentu

Klo:	
Uros / Narttu:	
Paino:	
Väri:	
Karvanlaatu:	
Nimiehdotus:	
Muuta:	

8. Pentu

Klo:	
Uros / Narttu:	
Paino:	
Väri:	
Karvanlaatu:	
Nimiehdotus:	
Muuta:	

9. Pentu

Klo:	
Uros / Narttu:	
Paino:	
Väri:	
Karvanlaatu:	
Nimiehdotus:	
Muuta:	

10. Pentu

Klo:	
Uros / Narttu:	
Paino:	
Väri:	
Karvanlaatu:	
Nimiehdotus:	
Muuta:	

11. Pentu

Klo:	
Uros / Narttu:	
Paino:	
Väri:	
Karvanlaatu:	
Nimiehdotus:	
Muuta:	

12. Pentu

Klo:	
Uros / Narttu:	
Paino:	
Väri:	
Karvanlaatu:	
Nimiehdotus:	
Muuta:	

MUUTA SYNNYTYKSESSÄ TAI PENNUISSA:

PAINOTAULUKKO (paino ja muutos painossa)

Nimi	1.pvä	2.pvä	3.pvä	4.pvä	5.pvä	6.pvä	7.pvä

PAINOTAULUKKO (paino ja muutos painossa)

Nimi	1.pvä	2.pvä	3.pvä	4.pvä	5.pvä	6.pvä	7.pvä

PAINOTAULUKKO (paino ja muutos painossa)

Nimi	8.pvä	9.pvä	10.pvä	11.pvä	12.pvä	13.pvä	14.pvä

PAINOTAULUKKO (paino ja muutos painossa)

Nimi	8.pvä	9.pvä	10.pvä	11.pvä	12.pvä	13.pvä	14.pvä

PAINOTAULUKKO (paino ja muutos painossa)

Nimi	15.pvä	16.pvä	17.pvä	18.pvä	19.pvä	20.pvä	21p/3vk

PAINOTAULUKKO (paino ja muutos painossa)

Nimi	15.pvä	16.pvä	17.pvä	18.pvä	19.pvä	20.pvä	21p/3vk

PAINOTAULUKKO (paino ja muutos painossa)

Nimi	3 viikkoa	4 viikkoa	5 viikkoa	6 viikkoa	7 viikkoa	8 viikkoa	Luovutus

PAINOTAULUKKO (paino ja muutos painossa)

Nimi	3 viikkoa	4 viikkoa	5 viikkoa	6 viikkoa	7 viikkoa	8 viikkoa	Luovutus

Pentujen painoista lisätietoja:

Madotukset pennuille:

päiväys	lääke	ikä viikkoina

Tarkista Kennelliitolta rekisteröintiehdot!
Esim.
- yli 6kk vanhojen pentujen rekisteröinnistä peritään kaksinkertainen maksu
- yli 8 vuotiaan emän pennut rekisteröidään vain poikkeusluvalla

Pentujen tarkastuksen ennen luovutusta:

nimi	päiväys	huomiot

Lisätietoja:

PENTUJEN OSTAJAT
Muista aina kirjallinen sopimus

1.PENTU

Rekisterinimi:		
Rekisterinumero:		
Ostaja:		
- nimi		
- osoite		
- postinro ja paikka		
- puhelinnro:		
- e-mail:		
Hinta:	Käteinen:	Osamaksu:
		Osamaksuerät:
		Viimeinen osamaksupvä:
Maksettu pvä:		
Rekisterikirja:	Luovutettu pvä:	Postitettu pvä:

2.PENTU

Rekisterinimi:		
Rekisterinumero:		
Ostaja:		
- nimi		
- osoite		
- postinro ja paikka		
- puhelinnro:		
- e-mail:		
Hinta:	Käteinen:	Osamaksu:
		Osamaksuerät:
		Viimeinen osamaksupvä:
Maksettu pvä:		
Rekisterikirja:	Luovutettu pvä:	Postitettu pvä:

PENTUJEN OSTAJAT
Muista aina kirjallinen sopimus

3.PENTU

Rekisterinimi:			
Rekisterinumero:			
Ostaja:			
- nimi			
- osoite			
- postinro ja paikka			
- puhelinnro:			
- e-mail:			
Hinta:	Käteinen:	Osamaksu:	
		Osamaksuerät:	
		Viimeinen osamaksupvä	
Maksettu pvä:			
Rekisterikirja:	Luovutettu pvä:	Postitettu pvä:	

4.PENTU

Rekisterinimi:			
Rekisterinumero:			
Ostaja:			
- nimi			
- osoite			
- postinro ja paikka			
- puhelinnro:			
- e-mai :			
Hinta:	Käteinen:	Osamaksu:	
		Osamaksuerät:	
		Viimeinen osamaksupvä:	
Maksettu pvä:			
Rekisterikirja:	Luovutettu pvä:	Postitettu pvä:	

PENTUJEN OSTAJAT
Muista aina kirjallinen sopimus

5.PENTU

Rekisterinimi:		
Rekisterinumero:		
Ostaja:		
- nimi		
- osoite		
- postinro ja paikka		
- puhelinnro:		
- e-mail:		
Hinta:	Käteinen:	Osamaksu:
		Osamaksuerät:
		Viimeinen osamaksupvä:
Maksettu pvä:		
Rekisterikirja:	Luovutettu pvä:	Postitettu pvä:

6.PENTU

Rekisterinimi:		
Rekisterinumero:		
Ostaja:		
- nimi		
- osoite		
- postinro ja paikka		
- puhelinnro:		
- e-mail:		
Hinta:	Käteinen:	Osamaksu:
		Osamaksuerät:
		Viimeinen osamaksupvä:
Maksettu pvä:		
Rekisterikirja:	Luovutettu pvä:	Postitettu pvä:

PENTUJEN OSTAJAT
Muista aina kirjallinen sopimus

7.PENTU

Rekisterinimi:			
Rekisterinumero:			
Ostaja:			
- nimi			
- osoite			
- postinro ja paikka			
- puhelinnro:			
- e-mail:			
Hinta:	Käteinen:		Osamaksu:
			Osamaksuerät:
			Viimeinen osamaksupvä:
Maksettu pvä:			
Rekisterikirja:	Luovutettu pvä:		Postitettu pvä:

8.PENTU

Rekisterinimi:			
Rekisterinumero:			
Ostaja:			
- nimi			
- osoite			
- postinro ja paikka			
- puhelinnro:			
- e-mail:			
Hinta:	Käteinen:		Osamaksu:
			Osamaksuerät:
			Viimeinen osamaksupvä:
Maksettu pvä:			
Rekisterikirja:	Luovutettu pvä:		Postitettu pvä:

PENTUJEN OSTAJAT
Muista aina kirjallinen sopimus

9.PENTU

Rekisterinimi:		
Rekisterinumero:		
Ostaja:		
- nimi		
- osoite		
- postinro ja paikka		
- puhelinnro:		
- e-mail:		
Hinta:	Käteinen:	Osamaksu:
		Osamaksuerät:
		Viimeinen osamaksupvä:
Maksettu pvä:		
Rekisterikirja:	Luovutettu pvä:	Postitettu pvä:

10.PENTU

Rekisterinimi:		
Rekisterinumero:		
Ostaja:		
- nimi		
- osoite		
- postinro ja paikka		
- puhelinnro:		
- e-mail:		
Hinta:	Käteinen:	Osamaksu:
		Osamaksuerät:
		Viimeinen osamaksupvä:
Maksettu pvä:		
Rekisterikirja:	Luovutettu pvä:	Postitettu pvä:

PENTUJEN OSTAJAT
Muista aina kirjallinen sopimus

11.PENTU

Rekisterinimi:			
Rekisterinumero:			
Ostaja:			
- nimi			
- osoite			
- postinro ja paikka			
- puhelinnro:			
- e-mail:			
Hinta:	Käteinen:	Osamaksu:	
		Osamaksuerät:	
		Viimeinen osamaksupvä:	
Maksettu pvä:			
Rekisterikirja:	Luovutettu pvä:	Postitettu pvä:	

12.PENTU

Rekisterinimi:			
Rekisterinumero:			
Ostaja:			
- nimi			
- osoite			
- postinro ja paikka			
- puhelinnro:			
- e-mail:			
Hinta:	Käteinen:	Osamaksu:	
		Osamaksuerät:	
		Viimeinen osamaksupvä:	
Maksettu pvä:			
Rekisterikirja:	Luovutettu pvä:	Postitettu pvä:	

VIIDES PENTUE

Pentue nimi/kirjain:	
Astutus päivä:	
Uusinta astutus:	
Uros:	
Laskettuaika:	

NIMIEHDOTUKSIA PENNUILLE:

Urokset	Nartut

SUKUTAULU

- Pentue							

Pentueen sukusiitosprosentti

Linjaus esivanhempiin:

Muista!
Selvitä päivystävä eläinlääkäri synnytyksen ajankohtana.

MITTAUKSET ENNEN SYNNYTYSTÄ

Usein kehon lämpö laskee 1-2 vuorokautta ennen synnytystä.
Normaali lämpö 38-38,5 astetta.

LÄMMÖN MITTAUKSET:

Vrk ennen laskettua-aikaa	Päiväys	Lämpö
7 vrk		
6 vrk		
5 vrk		
4 vrk		
3 vrk		
2 vrk		
1 vrk		
laskettuaika		

VYÖTÄRÖN YMPÄRYS:

Mitta:	Päiväys	cm	Muutos cm
normaali			
4 vk astutuksesta			
5 vk astutuksesta			
6 vk astutuksesta			
7 vk astutuksesta			
8 vk astutuksesta			
9 vk astutuksesta			

Lisätiedot:

SYNNYTYS

Synnytys alkoi:

Pvä:	Aika:

1. PENTU

Klo:	
Uros/Narttu:	
Paino:	
Väri:	
Karvanlaatu:	
Nimiehdotus:	
Muuta:	

2. PENTU

Klo:	
Uros/Narttu:	
Paino:	
Väri:	
Karvanlaatu:	
Nimiehdotus:	
Muuta:	

3. PENTU

Klo:	
Uros/Narttu:	
Paino:	
Väri:	
Karvanlaatu:	
Nimiehdotus:	
Muuta:	

4. PENTU

Klo:	
Uros/Narttu:	
Paino:	
Väri:	
Karvanlaatu:	
Nimiehdotus:	
Muuta:	

5. Pentu

Klo:	
Uros / Narttu:	
Paino:	
Väri:	
Karvanlaatu:	
Nimiehdotus:	
Muuta:	

6. Pentu

Klo:	
Uros / Narttu:	
Paino:	
Väri:	
Karvanlaatu:	
Nimiehdotus:	
Muuta:	

7. Pentu

Klo:	
Uros / Narttu:	
Paino:	
Väri:	
Karvanlaatu:	
Nimiehdotus:	
Muuta:	

8. Pentu

Klo:	
Uros / Narttu:	
Paino:	
Väri:	
Karvanlaatu:	
Nimiehdotus:	
Muuta:	

9. Pentu

Klo:	
Uros / Narttu:	
Paino:	
Väri:	
Karvanlaatu:	
Nimiehdotus:	
Muuta:	

10. Pentu

Klo:	
Uros / Narttu:	
Paino:	
Väri:	
Karvanlaatu:	
Nimiehdotus:	
Muuta:	

11. Pentu

Klo:	
Uros / Narttu:	
Paino:	
Väri:	
Karvanlaatu:	
Nimiehdotus:	
Muuta:	

12. Pentu

Klo:	
Uros / Narttu:	
Paino:	
Väri:	
Karvanlaatu:	
Nimiehdotus:	
Muuta:	

MUUTA SYNNYTYKSESSÄ TAI PENNUISSA:

PAINOTAULUKKO (paino ja muutos painossa)

Nimi	1.pvä	2.pvä	3.pvä	4.pvä	5.pvä	6.pvä	7.pvä

PAINOTAULUKKO (paino ja muutos painossa)

Nimi	1.pvä	2.pvä	3.pvä	4.pvä	5.pvä	6.pvä	7.pvä

PAINOTAULUKKO (paino ja muutos painossa)

Nimi	8.pvä	9.pvä	10.pvä	11.pvä	12.pvä	13.pvä	14.pvä

PAINOTAULUKKO (paino ja muutos painossa)

Nimi	8.pvä	9.pvä	10.pvä	11.pvä	12.pvä	13.pvä	14.pvä

PAINOTAULUKKO (paino ja muutos painossa)

Nimi	15.pvä	16.pvä	17.pvä	18.pvä	19.pvä	20.pvä	21p/3vk

PAINOTAULUKKO (paino ja muutos painossa)

Nimi	15.pvä	16.pvä	17.pvä	18.pvä	19.pvä	20.pvä	21p/3vk

PAINOTAULUKKO (paino ja muutos painossa)

Nimi	3 viikkoa	4 viikkoa	5 viikkoa	6 viikkoa	7 viikkoa	8 viikkoa	Luovutus

PAINOTAULUKKO (paino ja muutos painossa)

Nimi	3 viikkoa	4 viikkoa	5 viikkoa	6 viikkoa	7 viikkoa	8 viikkoa	Luovutus

Pentujen painoista lisätietoja:

Madotukset pennuille:

päiväys	lääke	ikä viikkoina

Tarkista Kennelliitolta rekisteröintiehdot!
Esim.
- yli 6kk vanhojen pentujen rekisteröinnistä peritään kaksinkertainen maksu
- yli 8 vuotiaan emän pennut rekisteröidään vain poikkeusluvalla

Pentujen tarkastuksen ennen luovutusta:

nimi	päiväys	huomiot

Lisätietoja:

PENTUJEN OSTAJAT
Muista aina kirjallinen sopimus

1.PENTU

Rekisterinimi:	
Rekisterinumero:	
Ostaja:	
- nimi	
- osoite	
- postinro ja paikka	
- puhelinnro:	
- e-mail:	

Hinta:	Käteinen:	Osamaksu:
		Osamaksuerät:
		Viimeinen osamaksupvä:
Maksettu pvä:		
Rekisterikirja:	Luovutettu pvä:	Postitettu pvä:

2.PENTU

Rekisterinimi:	
Rekisterinumero:	
Ostaja:	
- nimi	
- osoite	
- postinrc ja paikka	
- puhelinnro:	
- e-mail:	

Hinta:	Käteinen:	Osamaksu:
		Osamaksuerät:
		Viimeinen osamaksupvä:
Maksettu pvä:		
Rekisterikirja:	Luovutettu pvä:	Postitettu pvä:

PENTUJEN OSTAJAT
Muista aina kirjallinen sopimus

3.PENTU

Rekisterinimi:		
Rekisterinumero:		
Ostaja:		
- nimi		
- osoite		
- postinro ja paikka		
- puhelinnro:		
- e-mail:		
Hinta:	Käteinen:	Osamaksu:
		Osamaksuerät:
		Viimeinen osamaksupvä:
Maksettu pvä:		
Rekisterikirja:	Luovutettu pvä:	Postitettu pvä:

4.PENTU

Rekisterinimi:		
Rekisterinumero:		
Ostaja:		
- nimi		
- osoite		
- postinro ja paikka		
- puhelinnro:		
- e-mail:		
Hinta:	Käteinen:	Osamaksu:
		Osamaksuerät:
		Viimeinen osamaksupvä:
Maksettu pvä:		
Rekisterikirja:	Luovutettu pvä:	Postitettu pvä:

PENTUJEN OSTAJAT
Muista aina kirjallinen sopimus

5.PENTU

Rekisterinimi:		
Rekisterinumero:		
Ostaja:		
- nimi		
- osoite		
- postinro ja paikka		
- puhelinnro:		
- e-mail:		
Hinta:	Käteinen:	Osamaksu:
		Osamaksuerät:
		Viimeinen osamaksupvä
Maksettu pvä:		
Rekisterikirja:	Luovutettu pvä:	Postitettu pvä:

6.PENTU

Rekisterinimi:		
Rekisterinumero:		
Ostaja:		
- nimi		
- osoite		
- postinro ja paikka		
- puhelinnro:		
- e-mail:		
Hinta:	Käteinen:	Osamaksu:
		Osamaksuerät:
		Viimeinen osamaksupvä:
Maksettu pvä:		
Rekisterikirja:	Luovutettu pvä	Postitettu pvä:

PENTUJEN OSTAJAT
Muista aina kirjallinen sopimus

7.PENTU

Rekisterinimi:		
Rekisterinumero:		
Ostaja:		
- nimi		
- osoite		
- postinro ja paikka		
- puhelinnro:		
- e-mail:		
Hinta:	Käteinen:	Osamaksu:
		Osamaksuerät:
		Viimeinen osamaksupvä:
Maksettu pvä:		
Rekisterikirja:	Luovutettu pvä:	Postitettu pvä:

8.PENTU

Rekisterinimi:		
Rekisterinumero:		
Ostaja:		
- nimi		
- osoite		
- postinro ja paikka		
- puhelinnro:		
- e-mail:		
Hinta:	Käteinen:	Osamaksu:
		Osamaksuerät:
		Viimeinen osamaksupvä:
Maksettu pvä:		
Rekisterikirja:	Luovutettu pvä:	Postitettu pvä:

PENTUJEN OSTAJAT
Muista aina kirjallinen sopimus

9.PENTU

Rekisterinimi:		
Rekisterinumero:		
Ostaja:		
- nimi		
- osoite		
- postinro ja paikka		
- puhelinnro:		
- e-mail:		
Hinta:	Käteinen:	Osamaksu:
		Osamaksuerät:
		Viimeinen osamaksupvä:
Maksettu pvä:		
Rekisterikirja:	Luovutettu pvä:	Postitettu pvä:

10.PENTU

Rekisterinimi:		
Rekisterinumero:		
Ostaja:		
- nimi		
- osoite		
- postinro ja paikka		
- puhelinnro:		
- e-mail:		
Hinta:	Käteinen:	Osamaksu:
		Osamaksuerät:
		Viimeinen osamaksupvä:
Maksettu pvä:		
Rekisterikirja:	Luovutettu pvä:	Postitettu pvä:

PENTUJEN OSTAJAT
Muista aina kirjallinen sopimus

11.PENTU

Rekisterinimi:		
Rekisterinumero:		
Ostaja:		
- nimi		
- osoite		
- postinro ja paikka		
- puhelinnro:		
- e-mail:		
Hinta:	Käteinen:	Osamaksu:
		Osamaksuerät:
		Viimeinen osamaksupvä:
Maksettu pvä:		
Rekisterikirja:	Luovutettu pvä:	Postitettu pvä:

12.PENTU

Rekisterinimi:		
Rekisterinumero:		
Ostaja:		
- nimi		
- osoite		
- postinro ja paikka		
- puhelinnro:		
- e-mail:		
Hinta:	Käteinen:	Osamaksu:
		Osamaksuerät:
		Viimeinen osamaksupvä:
Maksettu pvä:		
Rekisterikirja:	Luovutettu pvä:	Postitettu pvä:

Yhteenveto pentueista

Pentueita yhteesä:

Pentuja yhteensä:

Lisätietoja ja/tai huomioitavaa:

Hyödyllistä tietoa Kennelliiton nettisivuilta

www.kennelliitto.fi - Suomen Kennelliitto

- kasvatus ja terveys
    - jalostusstrategia
    - rotujen jalostusohjelmat
    - koiran terveys
        - viralliset terveystutkimukset
        - perinnöllisistä sairauksista
        - jalostustietojärjestelmä apuna
        - koirien keinosiemennyksestä
        - rokotusmääräykset
    - koiran rekisteröinti
        - pentujen rekisteröinti
        - PEVISA ja muut ehdot
        - polveutumisen varmistaminen
        - poikkeusluvat
        - tunnistusmerkintä

- kasvattajille
    - kasvatukseen liittyvät ohjeet ja lomakkeet
    - pentujen rekisteröinti
    - sopimukset
    - pentueilmoitus Omakoira-palvelussa
    - PEVISA ja muut rekisteröintiehdot
    - poikkeuslupien anominen
    - toimikuntien yhteystiedot

- kennelliitto
    - lomakkeet ja säännöt

© 2016
Kustantaja: BoD – Books on Demand, Helsinki, Suomi
Valmistaja: BoD – Books on Demand, Norderstedt, Saksa
ISBN: 978-952-330-334-8